小神童·科普世界系列

揭秘建筑

林晓慧◎编著

浙江摄影出版社
全国百佳图书出版单位

建筑博物馆

聪明的人类，设计了多种多样的建筑。让我们前往建筑博物馆，去欣赏奇妙的建筑吧！

在远古时期，我们的祖先住在小茅屋里。

这是用芦苇建造的房子，属于原始的民居。

圆鼓鼓的蒙古包，真奇特！

这座水上的木屋，叫作吊脚楼。

这座现代建筑，长得真像贝壳。它是著名的悉尼歌剧院。

这是中世纪的城堡，有着童话般的梦幻色彩。

古埃及人充满智慧，建造了神奇的金字塔。金字塔被称为建筑史上的奇迹。

法国的埃菲尔铁塔，由大量的钢材建成，头顶尖尖，造型十分独特。

聪明的中国人，修建了长城。它就像一条巨龙，盘旋在山岭之间。

3

祖先们的房屋

如今的我们，居住在高楼、别墅、平房等建筑中。在远古时代，人类的祖先们住在怎样的房屋里呢？

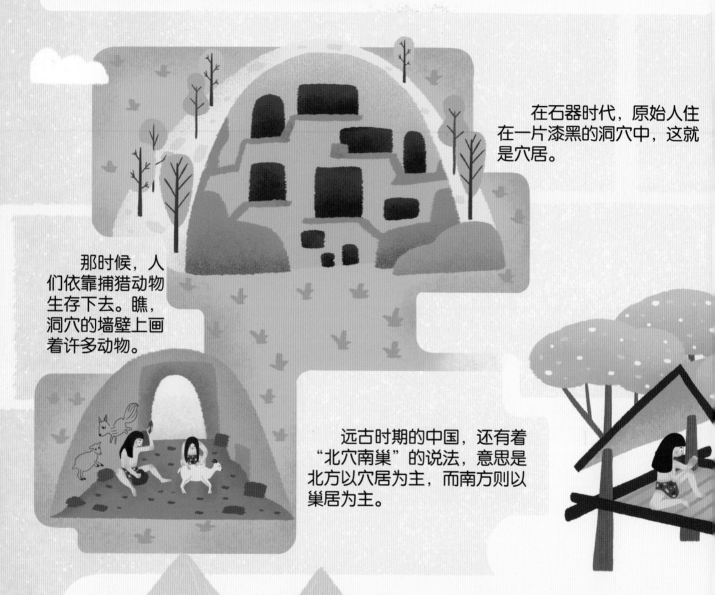

在石器时代，原始人住在一片漆黑的洞穴中，这就是穴居。

那时候，人们依靠捕猎动物生存下去。瞧，洞穴的墙壁上画着许多动物。

远古时期的中国，还有着"北穴南巢"的说法，意思是北方以穴居为主，而南方则以巢居为主。

中国进入远古时期后，出现了头顶尖尖的、用茅草盖成的小屋——茅屋。

古代苏美尔地区的人们很聪明，想到了把芦苇扎成一捆捆的来建房子呢。圆圆的、低矮的芦苇屋，远看就像小蘑菇一样。

芦苇还能编织成席子，放在屋子周围能起到加固作用哦。

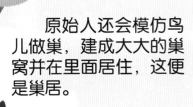

遥远的苏格兰还有全是用石头建成的石头村，让人忍不住赞叹人们的智慧！

原始人还会模仿鸟儿做巢，建成大大的巢窝并在里面居住，这便是巢居。

这是古代瑞典北部地区拉普兰的锥形木屋。

在乌克兰的原始时期，由于缺乏建筑材料，猎人们只能把巨大的猛犸象骨头架起来，搭成帐篷。

早期的城镇之旅

小朋友，你知道最早的城镇是什么样子的吗？让我们回到以前，开启一场早期的城镇之旅吧！

人们学会了种庄稼，不再需要四处打猎，逐渐定居下来，于是，村庄和城镇随之诞生了。

人们走来走去，其实就是在屋顶爬上爬下。原来，这里的屋顶就是道路呀！

土耳其的加泰土丘是世界上最古老的城镇之一。加泰土丘距离我们生活的时代，已经过去了 8000 多年呢！

聪明的他们还饲养了牛、羊，并且从它们身上获取肉、皮毛和奶。

这里的人们，在屋顶上做饭、晾晒、编织，生活十分幸福。

加泰土丘到处都是用泥浆做的砖头垒起来的"泥房子"。漫步在这里，你会发现，"泥房子"紧紧地挨在一起，连街道都没有。

这里的房屋下面，还藏着许多地下墓室呢！

咦，这个小镇怎么这么干净，没有垃圾呢？或许，这里的居民会像现代人一样，把垃圾丢到远处的垃圾场吧。

7

建筑材料大揭秘

人类历史上有许许多多的建筑。人们是用哪些材料来建造房屋的呢?

古代,人们很难获得外来物品,只能充分利用本地比较容易获得的材料来建房子。

生活在北极的因纽特人,会用什么来盖房子呢?

他们用冰块建成了圆顶雪屋。别看它是冰做的,雪屋里比起室外可暖和多了!

位于阿拉伯半岛的也门,拥有许多泥砖房。

这里缺少树木,人们把脚下的泥土做成砖块来盖房子。

在北美会见到许多木屋，为什么呢？因为那里有大片大片的森林，人们拥有充足的木材来造房子。

木头之间有鞍形的凹槽，这让木屋变得更加坚固。

以前，土耳其卡帕多西亚地区的居民，一直居住在火山岩凿出来的岩洞石屋中。就是因为当地有许多火山岩堆，他们才想到了这种居住方式。

在葡萄牙的亚速尔群岛上，分布着一座座用火山岩建成的房屋。亚速尔群岛是火山群岛，火山岩是岛上最常见的东西。

寒冷地方的建筑

有些房屋虽然建在特别寒冷的地方，但室内非常暖和。让我们一起去感受一下吧！

南极泰山站的建筑材料很保暖，所以室内非常暖和。

泰山站的南极科考队，住在像中国灯笼一样的房屋里。屋子被高高架起，不会被南极的风雪掩埋。

房屋可以帮我们遮风挡雨。寒冷地方的建筑有什么特点呢?

冰岛太冷了,很多住宅会"躲"在草坪下取暖。毛茸茸的草坪,在屋顶遮挡着冷空气。

寒冷的加拿大北部有大量含冰的土地,我们称它为冻土。

房顶会不会被积雪压垮呢?别担心,房顶倾斜角度很大,能够让雪滑落。

这是冻土之上的房屋,它建在一根根木桩上。木桩打进冻土下的土地里,这样就不用担心因冻土消融造成地基不稳,导致房屋倾斜下沉啦。

炎热地方的建筑

不用风扇、不用空调，怎么设计出凉爽的房屋呢？快来看看这些炎热地方的建筑吧！

西双版纳的气候，又炎热又潮湿。

竹楼很通风，里面很凉快的！

小楼用竹子建造，远看很像一座大帐篷。

这位姑娘来自云南西双版纳，是傣族人。

黎族人用船形茅屋打败了海南的炎热。船形茅屋像一艘倒扣的船。

屋顶的茅草能防潮隔热，所以屋里很清凉。

它的墙壁很厚，热空气很难钻进去。

美国西南部的印第安人，就住在这样的 Pueblo（普韦布洛村落）住宅里。

窗户很小，进入的热气就少。

这是北非传统的碉堡式民居。摩洛哥在非洲西北部，气候非常炎热。

13

古代建筑知多少

世界上有很多著名的古代建筑。快来看看，你认识它们吗？

这是世界上最早的古代大庙宇——帕特农神庙。

希腊的帕特农神庙是为守护神雅典娜而建，也叫万神殿。

这是著名的古罗马竞技场。由于火灾及两次地震，有一侧的围墙受到了严重的损坏。

古罗马人爱看角斗士与野兽的搏斗。

中国的长城，修建了2000多年，绵延数万里，是世界级的奇迹！长城是古代的军事防御工程，能够抵御敌人的入侵。

不到长城非好汉！

埃及金字塔已经有4000多年的历史。世界上最大的金字塔就是胡夫金字塔。

这座倾斜的塔式建筑，叫作比萨斜塔，位于意大利托斯卡纳省。

设计者是故意将这座建筑设计成倾斜的吗？并不是。在建造的过程中，由于地基土层发生变化，比萨斜塔才慢慢倾斜的。

15

神秘的宗教建筑

自古以来，出于对神明的崇拜，人们会建造一些特殊的建筑。它们就是遍布世界各地的宗教建筑，充满了神秘感。

这座圣彼得大教堂，坐落在梵蒂冈，是天主教的宗教圣殿。

法国的塞纳河畔，有一座著名的天主教大教堂——巴黎圣母院。人们花了 180 多年才把它建造出来。2019 年的一场大火烧毁了它标志性的塔尖。

它叫桑奇大塔，是印度佛教艺术的代表建筑。

麦加大清真寺有着大圆顶，它是伊斯兰教信徒礼拜的地方。

宏伟的布达拉宫是藏传佛教的圣地，每年前往这里的朝圣者可多了。

这座陵墓由白色的大理石建造而成，名叫泰姬陵。它是印度的伊斯兰教建筑。

陕西大雁塔是唐代修建的佛塔，一共有七层。

17

中世纪的建筑

在中世纪的欧洲城镇里，你可以找到各式各样的建筑，比如住宅、集市、教堂和手工作坊……

中世纪是什么时候呢？它一般是指公元 5 世纪后期到公元 17 世纪中期这段时期。

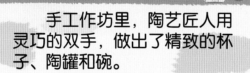

手工作坊里，陶艺匠人用灵巧的双手，做出了精致的杯子、陶罐和碗。

当时的街道臭烘烘的，因为人们习惯把垃圾丢在街上。路人走过街道要捂紧鼻子！

看！为了抵御敌人，许多城镇都被高高的围墙围了起来。

在夜里，城门会关闭，居民可就不能再进出了。

中世纪的时候，人们喜欢去教堂。看，城镇中有许多华丽宏伟的教堂。

面包房里飘出了浓郁的香味。烘焙师正在制作美味的面包！

城外的乡村，房子往往是用木头和泥土建成的。

19

宫殿与城堡

世界各国的贵族和富人们，建造了许多宫殿和城堡。它们不仅漂亮舒适，还具有防御的功能呢！

北京故宫又称紫禁城，是明清两代皇帝居住的地方。皇宫在古代属于禁地，普通人不能进入，所以叫作"禁城"。

法国的凡尔赛宫金碧辉煌，十分豪华。它拥有 2000 多个房间、60 多个楼梯和 5000 多件家具呢！

中世纪时期，一位骑士在英格兰修建了博丁安城堡。博丁安城堡的四周环绕着护城河，河上还有木桥，方便进攻和防守。

迪士尼城堡的原型是德国的新天鹅堡。它建于1868年，有着悠久的历史。新天鹅堡的名字来源于中世纪的天鹅骑士传说，充满了浪漫的色彩。

克里姆林宫是俄罗斯的一组著名建筑群，俄罗斯沙皇曾在这里居住过。在克里姆林宫的塔楼和箭楼上，可以看到闪闪发光的红宝石五角星呢！

凡尔赛宫有着精美的雕刻、巨幅的油画及挂毯，充满艺术气息！

21

现代的著名建筑

在现代社会，人类用聪明才智设计并建造了各式各样的建筑。它们不仅美观，还具有很强的实用性哦！

国家体育场就像一个用钢材建造的巨大"鸟巢"，它是 2008 年北京奥运会的主体育场。

西班牙的巴塞罗那圣家堂足足有 18 座高塔，它可是世界上建造时间最长的教堂了，从 19 世纪一直到现在还未竣工呢！

看，一艘巨大的"帆船"在海岸上闪着亮光。它其实是迪拜的阿拉伯塔酒店，又称迪拜帆船酒店。

22

美国流水别墅坐落在瀑布之上。

澳大利亚悉尼歌剧院的顶部，既像一片片洁白的风帆，又像一个个巨大的贝壳。

美国的华特·迪士尼音乐厅的外形非常特殊，它是由波浪形的钢铁构成的。

在西班牙的古根海姆博物馆，你不仅能欣赏到魔术般的创意建筑，还能参观现代艺术展览。

现代的高楼大厦

如今，越来越多的高层建筑物拔地而起。这些大楼似乎有摩天轮那么高，快来看看吧！

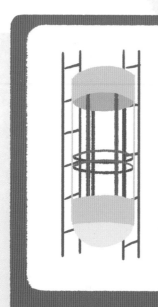

这么高的楼层，我们该怎么登上去呢？可以乘坐电梯！

1852 年，美国的奥的斯在雇主的要求下发明了电梯。

克莱斯勒大厦的拱顶很有特色，它所用的材料是闪闪发光的不锈钢哦！

320 米

大部分人认为，世界上第一幢摩天大楼是高度为 42 米的芝加哥家庭保险大楼。

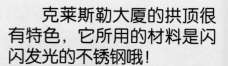

看，这座大楼是不是很像一个巨大的熨斗？它就是纽约著名的地标性建筑——熨斗大厦，它可是钢骨结构建筑的始祖之一哦。

87 米

42 米

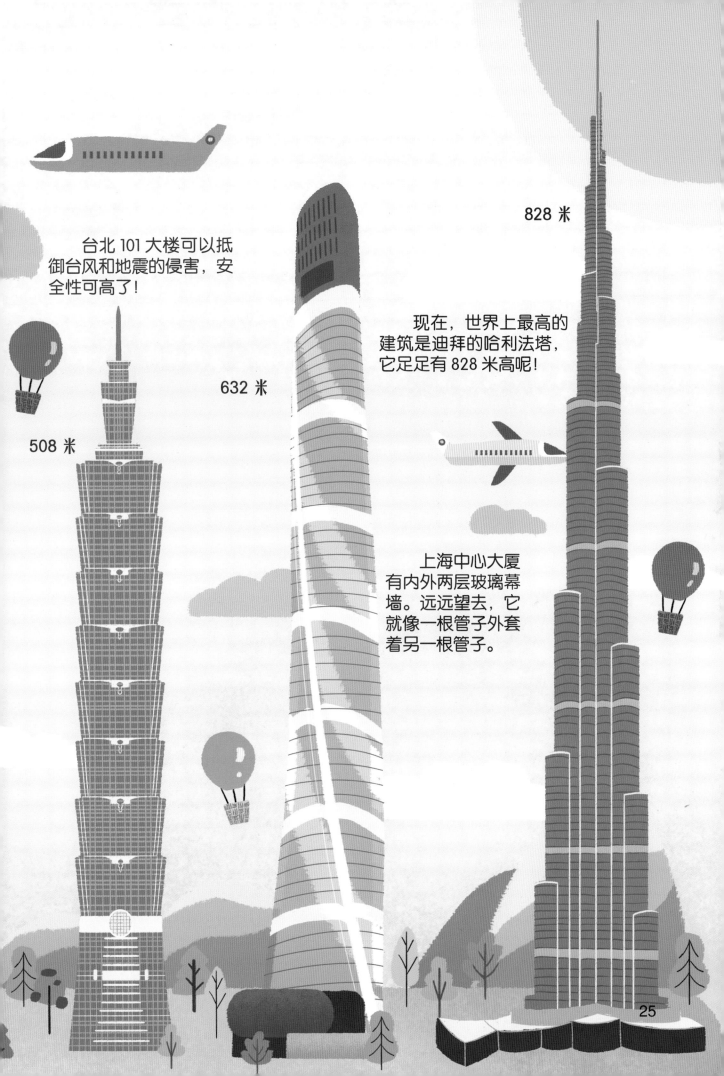

台北 101 大楼可以抵御台风和地震的侵害，安全性可高了！

828 米

现在，世界上最高的建筑是迪拜的哈利法塔，它足足有 828 米高呢！

632 米

508 米

上海中心大厦有内外两层玻璃幕墙。远远望去，它就像一根管子外套着另一根管子。

25

未来的建筑

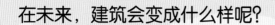

在未来，建筑会变成什么样呢？

经过折叠，它的体积瞬间变小了！可折叠房屋能装进货车里，轻松地搬走。

未来，可能会出现可折叠房屋。按一下开关，它可以像变形金刚一样自动变身，成为一栋别墅。

未来，建房子的任务会落到机器人的身上。

以后，人们或许会住在绿色的摩天大楼里。大楼里不仅能种植绿色植物，还能种粮食呢！这样的建筑，让城市里的空气更清新。

责任编辑　姚成丽
文字编辑　李含雨
责任校对　高余朵
责任印制　汪立峰

项目策划　北视国
装帧设计　北视国

图书在版编目（ＣＩＰ）数据

揭秘建筑 / 林晓慧编著 . -- 杭州 ：浙江摄影出版
社， 2021.10
　（小神童·科普世界系列）
　ISBN 978-7-5514-3439-3

　Ⅰ．①揭… Ⅱ．①林… Ⅲ．①建筑—儿童读物 Ⅳ.
① TU-49

中国版本图书馆 CIP 数据核字 (2021) 第 177505 号

JIEMI JIANZHU
揭秘建筑

（小神童·科普世界系列）

林晓慧　编著

全国百佳图书出版单位
浙江摄影出版社出版发行
　　　地址：杭州市体育场路 347 号
　　　邮编：310006
　　　电话：0571-85151082
　　　网址：www. photo. zjcb. com
制版：北京北视国文化传媒有限公司
印刷：唐山富达印务有限公司
开本：889mm×1194mm　1/16
印张：2
2021 年 10 月第 1 版　　2021 年 10 月第 1 次印刷
ISBN 978-7-5514-3439-3
定价：39. 80 元